"绿宝瓶" 科普系列丛书

环保卷

浪费的宝贝

丛书主编◎郭曰方
执行主编◎于向昀

于向昀◇著

U0309744

山西出版传媒集团
山西教育出版社

图书在版编目（CIP）数据

浪费的宝贝 / 于向昀著. — 太原：山西教育出版社，2020.1
（"绿宝瓶"科普系列 / 郭曰方主编. 环保卷）
ISBN 978 - 7 - 5703 - 0575 - 9

Ⅰ. ①浪… Ⅱ. ①于… Ⅲ. ①环境保护—少儿读物
Ⅳ. ①X - 49

中国版本图书馆 CIP 数据核字（2019）第 187426 号

浪费的宝贝

LANGFEI DE BAOBEI

责任编辑	彭琼梅	
复　审	姚吉祥	
终　审	冉红平	
装帧设计	孟庆媛	
印装监制	蔡　洁	

出版发行　山西出版传媒集团·山西教育出版社
　　　　　（太原市水西门街馒头巷7号　电话：0351 - 4729801　邮编：030002）

印　装　山西万佳印业有限公司
开　本　787 mm × 1092 mm　1/16
印　张　6
字　数　134 千字
版　次　2020 年 1 月第 1 版　2020 年 1 月山西第 1 次印刷
印　数　1 - 6 000 册
书　号　ISBN　978 - 7 - 5703 - 0575 - 9
定　价　28.00 元

如发现印装质量问题，影响阅读，请与出版社联系调换，电话：0351 - 4729718。

目录

人物介绍

姓名 蠹鱼

昵称：小鱼儿

性别：请自己想象

年龄：加上吃过的古书的年龄，

　　　已超过 3 000 岁

性格：知书达理（自诩的）

爱好：吃书页，越古老越好

口头语：这个我知道！我会错吗？

姓名 阿龙

昵称：龙哥

性别：男

年龄：因患疑似遗忘症，忘记了

性格：呆板、温和

爱好：旅游、欣赏自然、提问

口头语：可是这个问题还是没

　　　　解决啊！

 引言

说起"家"，很多人首先想到的就是房子——"家"这个汉字，本意为"居所"或"屋内"，它上面的宝盖头，代表的就是房子。

但光有房子是不够的，买了房子，还得装修、买家具，住进房子，还得收拾整理。

如果允许你选择某样东西，在你希望的时候它能自动消失，你会选择什么东西？

裸露的电线？悬在天花板上的吊灯？穿插在电视剧或体育比赛中间的扰人广告？

……

很多人可能很干脆、很明智地回答：垃圾！

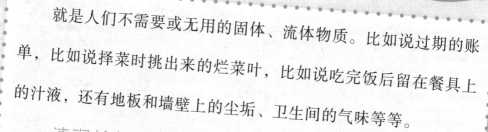

什么是垃圾？

就是人们不需要或无用的固体、流体物质。比如说过期的账单，比如说择菜时挑出来的烂菜叶，比如说吃完饭后留在餐具上的汁液，还有地板和墙壁上的尘垢、卫生间的气味等等。

清理垃圾，对大多数人来说，都不是件愉快的事，甚至可以说令人头疼。

　　其实，很多垃圾都是人们自己造出来的。或许，它们还曾被人们精心收藏过呢。比如长辈赠送的而你根本不喜欢的礼物，比如多年前费尽心力收集到的动漫模型，比如第一次手工课的作品……

　　事实上，垃圾之所以成了垃圾，首先在于人们的需求改变了。有些东西，是用过之后，剩余的部分成了垃圾，像食品的外包装就属于这类；也有些东西，是由于人们的心情、心境变了，它们失去了原有的意义或用途而成了垃圾。

　　从这一角度看，只要有人类存在，就必然会有垃圾。

对比如今和过去的几十年，我们可以明显地看到许多个增长：首先，和小时候相比，我们的身高、体重等都增长了，同时，令人慨叹甚至遗憾的是，我们的年龄也增长了；其次，和前些年相比，爸爸妈妈的工资收入增长了，同时，令人满意的是，饮食、服装等的质量也增长了；再有，和爸爸妈妈小时候相比，我们家里的家具等生活用品数量增长了，同时，令人痛恨乃至切齿的是，家里的垃圾也增长了……

随着经济的发展和人民生活水平的提高，尤其是城市化进程的加快，垃圾问题日益突出。如何高效、快速地清理垃圾，已成为我们日常生活中一个极其重要的问题。

其实，有很多被我们丢弃的物品，并不是真正的垃圾，只是它对我们来说没用了，所以被我们定义成了"废物"。但换个衡量标准，这些物品还有它的价值。如果选对了使用方法，它们完全可以变为宝贝，大人们经常把它们称为"资源"。

这些资源中，数量最多的，就是建筑垃圾。

建筑垃圾 人们在从事拆迁、建设、装修、修缮等建筑业的生产活动中产生的渣土、废旧混凝土、废旧砖石及其他废弃物，统称建筑垃圾。

建筑垃圾是在建筑或装饰工程中，由于人为或者自然等原因产生的建筑废料，这些材料对于建筑物本身而言没有任何用处，所以才会被人们当作垃圾丢掉。

建筑垃圾

建筑垃圾常常被堆放得到处都是，给人们的日常生活带来了很大危害。城市建筑垃圾堆放地在很大程度上具有随意性，多在施工场地附近，缺乏应有的防护措施，留下了不少安全隐患；郊区的建筑垃圾首选堆放地多是坑塘沟渠，不仅妨碍了水体的调蓄能力，也可能导致地表排水和泄洪能力的降低。建筑垃圾在堆放和填埋过程中如果处理不当，就会造成周围地表水和地下水的严重污染；大量的建筑垃圾如果随意堆放，不仅占用土地，降低土壤质量，而且还直接或间接地影响着空气质量。

事实上，建筑垃圾经分拣、剔除或粉碎后，大多可以作为再生资源重新利用。某些时候，它的价值堪比黄金。

建筑垃圾的再利用方式可以分为几大类——

☆利用废弃建筑混凝土和废弃砖石生产粗细骨料，可用于生产相应强度等级的混凝土、砂浆或制备诸如砌块、墙板、地砖等建材制品；

☆粗细骨料添加固化类材料后，也可用于公路路面基层；

☆利用废砖瓦生产骨料，可用于生产再生砖、砌块、墙板、地砖等建材制品；

☆渣土可用于筑路施工、桩基填料、地基基础等；

☆废弃木材类的建筑垃圾中，尚未明显破坏的木材可以直接再用于重建建筑，破损严重的木质构件可作为木质再生板材的原材料或用于造纸等；

建筑垃圾

☆废弃路面沥青混合料可按适当比例直接用于生产再生沥青混凝土；

☆废弃道路混凝土可加工成再生骨料，用于配制再生混凝土；

☆废钢材、钢筋及其他废金属材料可直接再利用或回炉加工；

☆废玻璃、废塑料、废陶瓷等建筑垃圾，可视情况区别利用。

　　建筑垃圾堆放比较集中时，可选用建筑垃圾破碎机，在现场对各种大型大块物料进行多级破碎，而不必将物料运离现场，这就能极大降低物料的运输费用。

　　如此这般，建筑垃圾就成了生产其他物品的原料。按照这样的方式，我们每年可以从垃圾堆里寻找回大量的资源。

除了建筑垃圾外，垃圾的另一个主要来源是各种日用品的包装，像食品包装、饰品包装等，清洁用品包装也在此行列内。房子越大，买的东西越多，家里的垃圾也就越多。

据不完全统计，这个地球上每天每人平均产生垃圾达1000克之多！若地球人口按60亿计算，那么人类垃圾的日产量就有6×10^{12}克，而地球的质量约为6×10^{27}克，照此算来，人类垃圾的日产量占地球质量的一千万亿分之一。

地球上的垃圾

可别小看这个"一千万亿分之一"，如果任其每天增长，而不及时加以处理，要不了多久，地球就会被垃圾埋没。据报道，我国城市垃圾年产量已超过2亿吨，且每年以8%左右的速度递增，如今已有近2/3的城市陷入了垃圾的围困之中。

为了突破垃圾的围困，我们必须采取行动了。而在行动之前，我们需要对垃圾有个系统的了解，给垃圾分类，也就是说，按照垃圾的不同成分、属性、利用价值以及对环境的影响，并根据不同处置方式的要求，分成属性不同的若干种类。

垃圾大体上可分为两类，即可回收垃圾和不可回收垃圾。

可回收垃圾　　不可回收垃圾

可回收垃圾就是可以再生循环的垃圾，主要包括废纸、塑料、玻璃、金属和布料五大类。按照《城市生活垃圾分类及其评价标准》，可回收垃圾是适宜回收循环使用和资源利用的废物，其五大类别的具体内容分别为：

纸类 未严重玷污的文字用纸、包装用纸和其他纸制品，如报纸、各种包装纸、办公用纸、广告纸片、纸盒等。

塑料 废容器塑料、包装塑料等塑料制品，比如各种塑料袋、塑料瓶、泡沫塑料、一次性塑料餐盒餐具、硬塑料等。

金属 各种类别的废金属物品，如易拉罐、铁皮罐头盒、废电池等。

玻璃 有色和无色废玻璃制品。

织物 旧纺织衣物和纺织制品。

日用品包装袋

在不可回收垃圾中，最出名的就是厨余垃圾。这类垃圾又名"食品废弃物"，是已丢弃、即将丢弃或必须丢弃的熟食或生食材。狭义的厨余垃圾是有机垃圾的一种，分为熟厨余和生厨余。熟厨余包括剩菜、剩饭等；生厨余垃圾包括果皮、蛋壳、茶渣、骨、贝壳等等。广义的厨余垃圾还包括用过的筷子、食品的包装材料等。

厨余垃圾是可造成环境污染的家居垃圾，以淀粉类、食物纤维类、动物脂肪类等有机物质为主要成分，具有含水率高、油脂和盐分含量高、易腐烂发酵发臭等特点，并且很不容易回收。它的来源主要是餐饮业单位、企事业单位、学校、食堂等地方及家庭所产生的食物残渣和废料。

厨余垃圾

Kitchen waste

菜帮菜叶　剩菜剩饭　瓜果皮核　废弃食物

在不少国家，如何处理厨余垃圾是一个令人头痛的问题。在现有的垃圾填埋场中，各种各样的臭味主要来自于厨余垃圾。

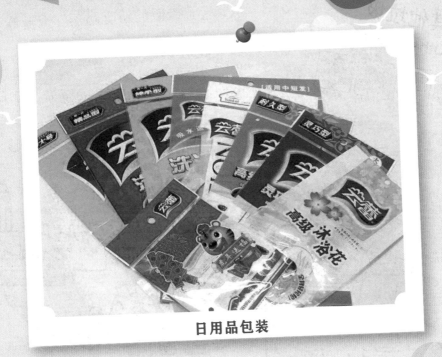

日用品包装

按处理工艺来说，厨余垃圾是"适合进行生物处理的垃圾"，处理方法包括堆肥处理、蚯蚓处理等。纯粹的厨余垃圾可直接进入堆肥场，变为有机肥料，成为社会资源。堆肥用的厨余垃圾不包括超市里用来盛放生食和熟食的沾有油、奶、酱料的各种各样的塑料包装、纸包装，也不包括打包使用的塑料袋、塑料饭盒、纸饭盒和装厨余垃圾的塑料袋，因为微生物和蚯蚓没法消化这些东西。

其他垃圾
Other waste

除了可回收垃圾和厨余垃圾外，砖瓦陶瓷、渣土、卫生间废纸、纸巾等难以回收的废弃物及尘土等，都被归为"其他垃圾"。厕纸、卫生纸遇水即溶，不算可回收的"纸张"，类似的还有陶器、烟盒等。厨余垃圾袋比较难降解，粗略地归类，也可算不可回收垃圾，但如果能够把厨余垃圾倒入垃圾桶，塑料袋就可以扔进"可回收垃圾"桶里啦。

在垃圾里，有一类独特的垃圾，叫"有毒有害垃圾"，其中含有对人体健康有害的重金属、有毒的物质或者对环境造成现实危害或者潜在危害的废弃物。包括电池、荧光灯管、灯泡、水银温度计、油漆桶、部分家电、过期药品、过期化妆品，这类垃圾中甚至有可能含有放射性物质。这些垃圾一般要单独回收或进行特殊填埋处理。

"预备役级"垃圾与"古董级"垃圾

在各类垃圾中，最让人伤脑筋的当属"预备役级"垃圾。它的别称叫"鸡肋型垃圾"，也就是那些暂时没什么用处，丢掉又很可惜的闲置物品。

这些闲置物品怎么处理？不丢掉难道还等它们生出钱来不成？别说，美国记者鲍勃·贝德克尔还真让他闲置不用的野营挂车生出钱来了——他在网上发布消息，把野营挂车租给别人，一晚上收费45美元，这个广告在社区网站上贴出不久，就有人发来短信询问情况，之后更多的人纷纷联络鲍勃，他很快把野营挂车租了出去，赚了200美元。

初战告捷，鲍勃·贝德克尔兴致高涨，把自己家的搅拌机也挂到出租网站上，妻子反对无效，只能由他去了。之后，鲍勃居然把养了7年的牧羊犬克莱芒蒂娜也挂上出租平台，按每小时3美元收费。而克莱芒蒂娜也真争气，很快就给鲍勃挣到了第一个3美元，还赢得了"3美元让我得到了从未有过的放松和快乐"的好评。

将闲置物品租给别人的风气已在美国逐渐流行开来，这种做法避免了垃圾的产生，不但节省了资源，还为人们带来了利润。

"古董级"的垃圾和"预备役级"垃圾有些近似，不同的是它们还具有一点点的收藏价值，比如说你看过很多遍几乎能背下来的书籍，或者你看过好多次的电影光盘等等。想要妥善处理这些垃圾，最好的方法，就是"回归原始社会"，说白了，就是以物易物。

罗切尔有一张名为《反恐24小时》的电影光盘，已经看过好几遍了，剧情她已熟记于心，但光盘还很新，丢掉可惜，并且她还想看《欲望都市》。于是，她上了一个名为"交换树"的网站，针对自己的需要进行了检索，不到60秒时间，她就找到了一位相应的用户，愿意用几乎全新的《欲望都市》换取她的《反恐24小时》。交易完成后，双方都非常满意。

将平时闲置的东西交换使用，可以充分实现个人资源的效用最大化，同时避免垃圾产生——这些所谓的"垃圾"本身就是资源，可以给你带来可观的收益。

生活垃圾

如果家里有了垃圾怎么办？那还有什么好说的，当然是——丢掉！

某个假日，你突然心情舒畅，一时勤快，把整个家里里外外都清扫了一遍，把过期的报纸、杂志及家用物品包装都收集到一起，攒了一大堆垃圾，你打算怎么把这些用不着的东西丢掉？

最简单的方法当然就是：打成一大包，往垃圾站一丢，然后——齐活儿！

且慢，你可知道，你刚刚犯了一个严重错误？

21

要知道，垃圾不能这么打成一大包、随手一丢。丢垃圾可是有学问的，丢得好获大奖，丢不好遭报应。

这可绝对不是危言耸听，垃圾露天堆放容易产生大量甲烷气体，很容易引发爆炸事故，2005年9月，辽宁本溪的一个垃圾场就发生了爆炸，导致2人死亡、8人受伤。

丢垃圾——让我们说得正规一点儿，

"垃圾投放"——应该遵循这样的规则：

垃圾

垃圾分类收集标志

先进行垃圾收集，最好在收集的同时就给垃圾分类，在这个过程中尽可能做到密闭收集，以防止二次污染环境；收集后应及时清理作业现场，并清洁收集容器和分类垃圾桶。如用非垃圾压缩车直接收集的方式，应在垃圾收集容器中放置垃圾袋。注意，每个地区的垃圾分类标准有所不同，要根据你当时所处位置，按照所在地的规定来做垃圾分类。纸类应尽量叠放整齐，避免揉团；瓶罐类物品应尽可能将容器内产品用尽后，清理干净再投放；厨余垃圾应装进塑料袋，密闭投放。

应 按垃圾分类标志的提示，分别投放到指定的地点和容器中。不同种类的垃圾要"区别对待"，厨余垃圾、可回收物、其他垃圾分别投入有相应标识的收集容器；玻璃类物品应小心轻放，以免破损；废旧家具等体积较大的废弃物品，单独堆放在生活垃圾分类管理责任人指定的地点；建筑垃圾按照生活垃圾分类管理责任人指定的时间、地点和要求单独堆放。危险废物、医疗废物、废弃电器、电子产品应当单独收集，不得混入生活垃圾。

宁波垃圾分类

应该注意盖好容器上的盖子，以免垃圾污染周围环境，滋生蚊蝇。

目前在很多小区已经实行定时投放垃圾，并敦促居民按时间段将垃圾投放到垃圾清运箱内，以便及时将垃圾运走处理，尽力为小区内的住户营造一个干净、整洁、卫生的生活环境。

现在，你会丢垃圾了吗？

家庭垃圾怎么分类？

❶ 大件垃圾
沙发
衣柜

❻ 其他垃圾
已污染的纸巾
已污染的塑料袋（膜）
剩菜剩饭

❷ 年花年桔
盆栽植物

❸ 废旧织物
衣物
床上用品

❹ 玻金塑纸
玻璃　金属
塑料　纸类

❺ 有害垃圾
电池
灯管

垃圾处理与文化习惯

俗话说，"物离乡贵"，由于世界各地拥有的物质资源不尽相同，在长期的社会生活中，形成了不同的风俗和文化。

垃圾也是一样。世界各国对垃圾的分类都有自己的标准。

英国垃圾分类桶

如果你去参观英国的普通家庭，可千万别以为花园里那些五彩缤纷的小桶、小盒或小袋子里装的是圣诞礼物，这些小桶、小盒和小袋子里面装的是垃圾！它们不过是垃圾的彩色包装——带有滚轮的灰色垃圾桶用来存放不可回收的生活垃圾；褐色的则用来存放花园垃圾；黑色的垃圾盒用来放置废玻璃、罐头瓶以及保鲜纸等废物；橙色的垃圾袋用来装各种用过的塑料瓶；

蓝色的垃圾盒、垃圾袋用于存放废纸和旧报刊以及硬纸板；白色的垃圾袋用来装旧衣服和纺织品；废旧电池、灯泡等物品则需要分别放进透明的塑料袋里，以便识别。

如此复杂的垃圾分类，足以搞得人晕头转向，但国民们尽管对这样的规定颇有微词，最终还是理解并且服从了这些要求。目前，把可利用的垃圾分拣出来循环使用，已成为英国一项国策，而相应的结果是：英国用生活垃圾制作的绿色堆肥供不应求；用废纸和其他纤维物质碎屑生产的不含硫和氮的高热量燃油，成本比品牌油还便宜；已没有利用价值的垃圾经过焚烧发出的电送到了千家万户……

分类垃圾桶

日本从20世纪80年代开始实行垃圾分类回收，如今已经成为全球垃圾分类回收做得最好的国家。

日本的垃圾大致分为三类，分别为可回收的资源垃圾、可燃烧的生活垃圾和不能燃烧的垃圾，每户都有家用的垃圾箱，人们在家就可以轻易地给垃圾分类。日本垃圾回收的最大特色是扔垃圾分日子，不同分类的垃圾，回收时间也不同，如可燃垃圾是每周一、三、五扔；每周二可扔旧报纸；每月第四个周一可扔不可燃垃圾，如电池等。过了规定时间就只能等下一次了。日本对垃圾的循环再利用也是分类进行的。第一轮筛选出能马上再利用的物品，进入专门的二手物品流通渠道；第二轮筛选出的物品，由专门的从业者处理；第三轮才是废弃焚烧处理。

英国的垃圾分类处理是通过立法来完成的，而日本人则从小就看到大人做垃圾回收处理，耳濡目染养成了自觉分类垃圾的习惯，不好好做的话会被周围的人看不起。几乎所有人都以自觉分类回收垃圾为骄傲。

对于工薪阶层来说，最困难的事莫过于买房子。"拥有一套属于自己的房子"是很多人的理想。因此，不花钱就得到一套不错的房子，肯定会被视为一件近乎不可能的幸运事。

如果你真的那样幸运，不花钱就拥有了一套房子，你首先要做什么？

急急忙忙地打包搬家，住进属于自己的房子？大多数人大概都会这么想。

但，首先要做的不是这件事。在入住之前，你得先清除垃圾！

如果是一幢新盖好的房子，那么你可以轻松点儿，只要清除少量的建筑垃圾就行了；但如果你得到的是一套二手房，那要清理的东西就多了，垃圾铁定不在少数。

把垃圾从自己的房子丢出去，然后把自己的东西搬进来，你可以松口气了。

可你想过没有，你丢出家门的那些垃圾怎么样了？

想来你不会把它们包成一大包，往门外一丢就算完事了吧？那样你不仅会很快收到邻居们的抗议，被冠以"恶邻"之名，还不得不在几天后购买口罩、除臭剂等物品，抵御腐化的垃圾散发出的气味，还得为有毒气体以及蚊子、苍蝇、蟑螂等小生物入侵你的家庭做好战斗准备。

电子垃圾

较为省时省力又能赢得好名声的做法是，先把垃圾分类，可回收的物品，如纸箱、报纸、杂志、广告单等，叫个收废品的来，打包卖掉，其他卖不出去的东西拿到垃圾站，分类投放。

收废品的大叔

当看着干净整洁的房间、数着卖废品得来的钞票时，你有没有对收废品的人心生感激？是他们帮你把占据了诸多空间且没用的东西，快速变成了有用的钞票。

"收废品"只是垃圾回收行业中的一个环节，垃圾回收这一行业的作用，就是把占据空间的没用物品转变为有用的资源。

垃圾回收行业是"消费生产产生垃圾→回收→分拣、打包→再利用→消费"的循环过程。在这一产业链的循环过程中包括：垃圾产生源、垃圾回收企业、对垃圾进行分拣打包的打包站、垃圾再利用的企业及将分拣过程和再利用过程中产生的不可用废物进行填埋。这一行业的关键环节是回收、分拣及打包，参与的角色有上门收购的小贩、垃圾回收站、专业分拣打包站和垃圾回收企业。

许多垃圾在被丢掉之后，都由从事垃圾回收的人经手处理，变成了有用的东西。

从这一角度说，我们每个人都应该感激"垃圾回收"这一行业的存在。

电子垃圾

拾荒者

这是著名文化人三毛小时候写的作文——

"我的志愿——我有一天长大了，希望做一个拾破烂的人，因为这种职业，不但可以呼吸新鲜的空气，同时又可以大街小巷地游走玩耍……更重要的是，人们常常不知不觉地将许多还可以利用的好东西当作垃圾丢掉，拾破烂的人最愉快的时刻就是将这些蒙尘的好东西再度发掘出来……"。

三毛

这篇作文被老师打回重写。

她第二次写的作文是这样的：

"我有一天长大了，希望做一个夏天卖冰棒、冬天卖烤红薯的街头小贩，因为这种职业不但可以呼吸新鲜空气，还可以大街小巷地游走玩耍，更重要的是，一面做生意，一面可以顺便看看，沿街的垃圾箱里，有没有被人丢弃的好东西……"

冯钢百绘制的拾荒者

贵阳市花溪区的拾荒者

多年以后，三毛回忆起小时候的事，写道：我那可爱的老师并不知道，当年她那一只打偏了的黑板擦和两次重写的处罚，并没有改掉我内心坚强的信念，这许多年来，我虽然没有真正以拾荒为职业，可是我是拾着垃圾长大的，越拾越专门，这个习惯已经根深蒂固，什么处罚也改不了我。

三毛虽然不是职业的拾荒者，却深深懂得拾荒者的快乐。

拾荒者，也叫拾荒人，俗称捡垃圾的或拾破烂儿的，他们的职业原则是"人弃我取"。平日的工作是从他人所弃置的物品当中，拾取仍可使用的物品，而拾取来的东西，有些拿去转售，也有些留下自用。拾荒者常出现于街道、商场、住宅后巷、垃圾堆填区等地，为了维持基本生活，为了儿女的学业，也为了在家乡不可能实现的致富梦想，每天都在跟脏、臭、差、烂打交道，他们的工作、生活、居住等环境是非常恶劣的。

也许有人觉得拾荒者很脏，但他们也是靠自己的双手在坚强地生活着，更重要的是，他们保护和维护了城市的卫生，实现了资源的回收与利用，为我们的生活环境做出了巨大贡献。尤其是在还没有进行垃圾分类的城市里，拾荒者的存在极具价值。他们是值得尊敬的。

垃圾搜寻、拾荒与拾遗有些相似，都是没有付出金钱代价而获取，这不仅是拾荒者赖以生存的手段，也是他们的乐趣。

三毛说：我有一天老了的时候，要动手做一本书，在这本书里，自我童年时代所捡的东西一直到老年的都要写上去，然后我把它包起来，丢在垃圾场里，如果有一天，有另外一个人，捡到了这本书，将它珍藏起来，同时也开始拾垃圾，那么，这个一生的拾荒梦，总是有人继承了再做下去，垃圾们知道了，不知会有多么欢喜呢。

1.收废品的人已经不收啤酒瓶了，它属于其他垃圾，对吗？

答：错。

因为啤酒瓶能卖钱，属于可回收物。只不过它个头大、利润低，常遭嫌弃罢了。虽然收废品的人不要它，但可以把它投在小区里蓝色的"可回收物"箱里，环卫工人会来收的。集中之后，就可进入现有废品回收渠道。

啤酒瓶

2.塑料纽扣属于可回收物，对吗？

答：对。

除塑料袋外的塑料制品，比如泡沫塑料、塑料瓶、硬塑料等，还有橡胶及橡胶制品，都属于可回收物。固废中心专家说，如果数量不大的话，纽扣也可以投在"其他垃圾"里。

3.速冻饺子、豆腐的包装盒，都是厨房里产生的垃圾，当然是厨房垃圾吗？

答：错。

　　一次性餐具、食品包装袋都归为"其他垃圾"。另外，用过的餐巾纸、卫生间的纸，还有抽过的烟头、旧衣物，也属于"其他垃圾"。

4.花生壳算其他垃圾吗？

答：对。

塑料纽扣

5.热水瓶胆属于有毒有害垃圾吗？

答：错。

　　有害固体废物管理中心的专家说，热水瓶胆本身是玻璃的，镀有一层很薄的银，应该归为"其他垃圾"。另外，像修正液之类，毒性不强，也可以归为"其他垃圾"。

很多人都不喜欢上门推销的人，原因有很多：有些人说，他们专挑人家忙着做饭的时候来敲门，耽误了烧饭炒菜不说，还有可能导致烧漏锅甚至酿成火灾；有些人说，他们不管人家需要不需要，一个劲儿地强调产品如何如何好，也不知道他们到底在说些什么；更多的人说，他们总是拿些你不需要的东西来烦你，弄得你非买不可……因而有少部分人说，上门推销的这些人"跟垃圾一样讨厌"，经常会迫使你买些没用的东西。

其实，仔细算一算我们每个月的开销，家里购买的很多东西都可以算作"没用的"，而这些东西最后很可能都因为过期而成了垃圾。

几乎每个人都会本能地讨厌垃圾。这种本能很可能来自人类生理上的自我保护，因为垃圾如果得不到妥善处理，会给我们造成极大危害，总结起来有以下几点：

城市垃圾污染

第一，垃圾露天堆放会释放大量氨、硫化物等有害气体，严重污染了大气和城市的生活环境。

第二，垃圾会严重污染水体。垃圾不但含有病原微生物，在堆放腐败过程中还会产生大量的酸性和碱性有机污染物，并会将垃圾中的重金属溶解出来，形成有机物质、重金属和病原微生物三位一体的污染源，雨水淋入产生的渗滤液必然会造成地表水和地下水的严重污染。

垃圾污染水体

城市垃圾污染

3

第三，垃圾会造成生物性污染。垃圾中有许多致病微生物，会导致人们生病，并且垃圾堆积处往往是蚊、蝇、蟑螂和老鼠的滋生地，而这些生物又可能是病毒和细菌的传播者，必然危害着广大市民的身体健康。

4

第四，垃圾侵占了大量土地。据初步调查，全国约2/3的大中城市已陷入垃圾包围中，有1/4的城市已再无适当场所堆放垃圾。

废品回收站失火

5

第五，垃圾爆炸事故不断发生。随着城市中有机物含量的提高和由露天分散堆放变为集中堆存，只采用简单覆盖易形成产生甲烷气体所需的厌氧环境，易燃易爆。

6

第六，垃圾会"传染"和"繁殖"——60%以上的城市生活垃圾主要是由居民的有机垃圾二次污染后产生的，也就是说，有机垃圾的不断增多是城市生活垃圾不断增加的源头。

随处可见的白色垃圾

从功劳盖世到遗臭万年

无论是去商场或超市购物，还是去菜市场买菜，我们都会不假思索地使用塑料袋装东西。它轻便、干净，即使有大堆的东西需要包装，也能轻松胜任。每天，我们都在享受着塑料袋带给我们的便利。塑料被列为20世纪最伟大的发明之一，它是现代文明社会不可或缺的重要原料，如今已成为我们生活的一部分。一般认为，塑料袋是奥地利科学家马克斯·舒施尼在1902年10月24日发明的，它是塑料的一种，是石油产品中最末端的产品。在刚刚发明出来之时，它被视为一场科技革命，由于轻便、结实、不透水、使用方便，人们为它的诞生欣喜若狂，开始大规模、大范围地将其引入自己的生活。

塑料袋轻便干净

大受欢迎的不只是塑料袋，几乎所有的塑料产品，都被人们毫无戒备地接受了。塑料具有优异的稳定性、耐腐蚀性、电绝缘性、绝热性、优良的吸震和消音隔声作用，并具有很好的弹性，能很好地与金属、玻璃、木材等其他材料结合，易加工成型，而且有着生产技术成熟、成本低的优点。因此，在四大工业材料中，塑料的数量、作用、应用范围急剧扩张，大量代替金属、木材、纸张等，广泛运用于国民经济的各个领域。可以说，没有任何材料像塑料一样有如此广泛的用途。1990~1995 年，塑料包装材料的年平均增长率为 8.9%。

　　但令许多人瞠目的是，到了塑料袋"百岁诞辰"纪念日时，它竟然被评为"20 世纪人类最糟糕的发明"，和农用薄膜、一次性塑料餐具等一起，被称为"白色垃圾"。

我们每天都在享受塑料袋带来的便利

塑料袋为何会从"功劳盖世"一下子降到了"遗臭万年"的地位呢？因为它大多是用不可降解和再生的材料生产的，处理这些白色垃圾很多时候都只能挖土填埋或高温焚烧。据科学家测试，塑料袋埋在地里需要200年以上才能腐烂，并且严重污染土壤，使土壤板结，影响植物生长；而焚烧所产生的有害烟尘和有毒气体，同样会造成对大气环境的污染；如果家畜误食了混入饲料或残留在野外的塑料，会因消化道梗阻而死亡。有人形象地说：我们的地球似乎已经变成了"塑料星球"，土地、河流、高山、海洋……塑料袋无所不在。直到有一天，我们都已离去，这些家伙仍然占据着地球，因为它们是"永生"的。

　　塑料袋从"功劳盖世"到"遗臭万年"，这个过程也是人类认识自然的过程。万事万物都有两面性，只有正确地认识世界，才能趋利避害。

塑料袋

现今，我国大多数城市处于垃圾的"包围"中。在这些城市里，绝大部分垃圾是露天堆放的，不仅影响城市景观，还污染生活环境。

垃圾污染环境

垃圾侵占土地，堵塞江湖，有碍卫生，影响景观，危害农作物生长及人体健康的现象，被称为垃圾污染。垃圾污染包括工业废渣污染和生活垃圾污染两类。工业废渣是指工业生产、加工过程中产生的废弃物，主要包括煤矸石、粉煤灰、钢渣、高炉渣、赤泥、塑料和石油废渣等。生活垃圾主要是厨房垃圾、废塑料、废纸张、碎玻璃、金属制品等。在城市里，由于人口不断增长，生活垃圾正以每年 10% 的速度增加，已成为一大公害。

对我们生命来说至关重要的大气、水和土壤等都已遭到垃圾的污染。

垃圾在堆置或填埋过程中，产生大量有毒物质，连同生活排放出来的含汞、铅、镉等废水，渗透到地表水或地下水中，造成水体黑臭，浅层地下水不能使用、水质恶化，水体丧失自净功能，影响水生物繁殖和水资源利用。在垃圾区，由于焚烧或长时间的堆放，垃圾腐烂霉变，释放出大量恶臭和有毒的气体，粉尘和细小颗粒物随风飞散，致使空气中二氧化硫悬浮颗粒物超标，酸雨现象、扬尘污染频频发生。

垃圾还不断侵蚀着土地，据统计，中国每年产生垃圾 30 亿吨，约有 2 万平方米耕地被迫用于堆置存放垃圾。土地退化、荒漠化现象非常严重；更由于大量塑料袋、废金属等有害物质直接填埋或遗留土壤中，难以降解，严重腐蚀土地，致使土质硬化、碱化，保水保肥能力下降，严重影响农作物质量，导致农作物减产，甚至绝产。

垃圾污染土壤

此外，垃圾中的有毒气体散播到空气中，使得大气里二氧化硫、铅含量增加，使呼吸道疾病发病率升高，对人体构成致癌隐患；地下水污染物含量超标，引发多种人体疾病，对人类健康造成极大危害。

看了这些以后，你是不是明白随处乱丢垃圾有多么危险了？记得要告诉身边的人哟，垃圾要分类投放，妥善处理。

其实，中国70%的垃圾存在着利用价值，如果全部回收利用，每年可获利160亿元，对于经济发展和增加就业岗位极为有利。但如今，这许多资源都被浪费掉了，致使资源紧张和生态失调局面日趋加重，我们应该从现在开始，寻求合理地开发利用这些资源之道。

　　白色垃圾，是人们对难降解的塑料垃圾污染环境的一种形象称谓，指由农用薄膜、包装用塑料膜、塑料袋和一次性塑料餐具等的丢弃所造成的环境污染。这类废弃物多为白色，故称为白色垃圾。

　　由白色垃圾造成的污染，叫"白色污染"，是指因聚苯乙烯、聚丙烯、聚氯乙烯等高分子化合物制成的各类生活塑料制品使用后被弃置成为固体废弃物，由于随意乱丢乱扔，难于降解处理，以至于造成城市环境严重污染的现象。

白色危险

人们通常会把颜色和各种情绪联系起来，例如，红色使人联想到热烈，绿色使人联想到安静平和，蓝色令人想到宽广和忧郁，黑色令人感觉恐怖与神秘……而提起白色，人们首先想到的，就是洁净。

然而，现在白色却与肮脏、危险等联系在了一起，人们开始对白色高呼"拒绝"。

这些被人们摒弃、拒绝的东西，就是白色垃圾，即塑料废弃物。联合国教科文组织有个形象的说法——如果把人们每年使用的塑料袋覆盖在地球表面，足以使地球穿上好几件"白色外衣"。人们开始发现，塑料垃圾已经悄悄地向我们涌来，严重影响着我们的身体健康和生活环境。

首先，白色垃圾侵占了过多的土地，塑料类垃圾在自然界停留的时间很长，难以降解；其次，塑料、纸屑和粉尘随风飞扬，污染空气；第三，大量的塑料在自然界"游荡"，污染了水体；第四，白色垃圾会带来火灾隐患，因为它们几乎都是可燃物，在天然堆放过程中会产生甲烷等可燃性气体，遇明火或自燃引起的火灾事故不断发生，造成重大

损失；还有，白色垃圾可能成为有害生物的巢穴，为老鼠、蚊蝇提供栖息和繁殖的场所，而留在其中的

马尔代夫垃圾岛塑料瓶堆积如山

残留物也常常是传染疾病的根源。

　　废塑料引发的"白色污染"开始让人们头痛，不腐烂、不分解的餐盒无法有效回收，生活用塑料垃圾无从下手处理……我们似乎被套死在了塑料形成的"白色魔咒"中。

　　为了解除这个"白色魔咒"，世界各国都积极行动起来了，一方面立法，对塑料制品的管理、回收等各方面做出明确规定；另一方面则加大力度开发研制可降解塑料等环保产品。

　　塑料的主要成分是合成树脂，基本性能主要取决于树脂的本性，但添加剂也起着重要作用。它之所以被认为"糟糕"和"危险"，是因为它大多用不可降解和再生的材料生产，处理这些白色垃圾很多时候都只能挖土填埋或高温焚烧，而这就不可避免地要造成环境污染。

目前，在短时间内完全禁用塑料基本是不可能的，回收废塑料并使之资源化才是解决白色污染的根本途径。和其他材料相比，塑料有一个显著的优点，就是可以很方便地反复回收使用。废塑料回收后，经过处理，既能重新成为制品，亦可制得汽油与柴油。

工业包装膜、商品包装袋或包装膜用后较干净，应作为主要回收利用对象，分类收集再生利用，这在国内外都已有许多成功经验。对于那些量大、分散、脏乱、难以收集或再生利用经济效益甚微的一次性塑料包装袋，则应该使用可降解塑料生产。

随着人类对自然了解的加深，塑料这种"20世纪人类最糟糕的发明"将以一种全新的形式继续为人类造福。

白色垃圾

旧的可乐瓶，
我把它改成了
浇花用的喷壶。

旧的鼠标垫，
已经不能用了，
我把它做成垫茶杯的
垫子了。

生活中经常会遇到种种令人烦恼乃至郁闷或痛恨的事，于是我们养成了倾诉和抱怨的习惯。经常听到的怨言是："这个月家里钱又不够用了。"

科学技术的发展是以人类的需要作为方向的，而各种技术的应用则倾向于用最简单的方法解决生活中的种种问题。

爱因斯坦说："想象力比知识更重要。"抛开科学的框架，极大地发挥一下想象力，解决"钱不够用"最简单的方法是"点石成金"。

有了"点石成金"这个"技术"，想买什么就买什么，接下来，估计我们经常听到的怨言就是："东西放不下了。"

统计一下家里的东西，肯定能发现，好多东西是没用的，最简单的解决方法是，把它们当垃圾丢掉。

这样循环往复，终有一日，你会发现最常听到的怨言是：资源不够了！

人的优势在于有远见。为了防止未来的某天资源不够用，现在就应该着手解决这一问题。

垃圾本身就是被浪费的资源，"把垃圾转化为能量"就是最好的解决办法，也就是说，我们现在需要的是变废为宝"法术"，这就是垃圾的处理技术。

变废为宝法术一：填埋

城市垃圾填埋是城市垃圾最基本的处置方法。所谓"垃圾填埋"，就是挖个坑把垃圾埋了。

垃圾填埋场

虽然可用焚化、堆肥或分选回收等方法处理城市垃圾，但其难以处理的部分剩余物仍需进行填埋处理。

利用坑洼地带填埋城市垃圾，既可处置废物，又可覆土造地，保护环境。

小贴士

城市垃圾填埋主要有三种方法，第一种是卫生填埋，倾倒一层厚60厘米的城市垃圾，将其压实，上覆厚15厘米的土、沙或粉煤灰，如此反复，最后覆以90～120厘米的表层土。另一种方法是压缩垃圾填埋，即把垃圾压缩后回填，可以防火、防滋生蚊虫，但分解缓慢。还有一种是破碎垃圾填埋，这种方法可防火，有利于需氧菌繁殖。

垃圾填埋工艺简单，费用较低，而且处理量大，因而成为我国城市垃圾处理的主要方式。但这种方法有极大的潜在危害。填埋的垃圾并没有进行无害化处理，残留着大量的细菌、病毒；还潜伏着沼气、重金属污染等隐患；其垃圾渗漏液还会长久地污染地下水资源，而且大量占用了土地，会给子孙后代带来无穷的后患。

北京市朝阳区高安屯垃圾填埋场

虽然有些城市建立了较高水平的卫生填埋厂，但因存在建设投资大、运行费用高、填埋厂处理能力有限等问题，垃圾填埋这种方式已逐渐进入了"退休"阶段。

然而，已"退休"的垃圾填埋场，却还有可开发的价值。近几十年来，人们在垃圾填埋地上建起了高尔夫球场，既解决了占地问题，又美化了周围环境，并且改善了附近生态，达到了一举多得的目的。

相比高尔夫球场，垃圾填埋场"变身"为生态公园，或许是更好的选择。生态公园是以生态学和生态文化为指导思想，结合了传统城市公园和主题公园各自的特色而建立的一种新型城市公园，是公园发展的一个历史阶段。它致力和强调的是综合生态量的最大化。

现在有不少生态公园都建在垃圾堆上——它们以前是垃圾填埋场，大量的城市垃圾都在这里被打散、推平、夯实。这些城市垃圾现在就在你的脚下。

北京北神树垃圾填埋场

垃圾场的"变身"

被国家建设部授予"城市生活垃圾无害化处理一级填埋场"称号的北京北神树垃圾卫生填埋场目前就正在"变身"。填埋场绿化面积达 20 多万平方米，除了 500 多平方米的垃圾堆顶作业面上裸露着，其他地表几乎都被绿草覆盖着。这里高约 20 米的绿色山坡是由 200 多万吨垃圾堆成的垃圾山，通过平整后在上面覆盖了绿色的植被。填埋场的"绿色核心"是垃圾利用和能源自给，每天通过垃圾堆体导流层流出的上百吨渗沥液，经过一系列处理后，成为场区内绿化的免费水源，绿地、洗车、道路冲刷、降尘用水都用得上它。垃圾填埋后产生的大量沼气被用来发电，除自用外，还可供应周边单位。按照规划，北神树填埋场设计使用寿命为 13 年，封场后，垃圾山会被改造为一个体育休闲公园，但是垃圾堆体内的反应变化不会结束，与之同步的垃圾处理工作也不会结束，渗沥液处理工序会继续为公园提供水源，垃圾场的沼气发电高峰期最少也将持续 10 至 15 年。

随着人们对自然界了解的加深，垃圾填埋场的价值也逐渐被发掘出来，垃圾堆也正在"变身"为"宝山"。

变废为宝法术二：焚烧

挖个坑把垃圾埋了，是个很简单的方法，可是用这种方式处理垃圾，还是比较浪费，而且有很多隐患。于是有人想到，可以把垃圾这种没用的物质转化成有用的电力，为此人们想出了很多办法，其中最简单、最直接、最快捷的一个，就是——把垃圾烧掉！

无锡锡东生活垃圾焚烧发电厂

小贴士

垃圾焚烧，又叫"垃圾焚化"，是一种废物处理的方法，通过焚烧废物中的有机物质，以缩减废物体积。垃圾在焚化时会转化为灰烬、废气和热力。

垃圾车

垃圾车一般在运送垃圾至焚化炉前，会用内置压缩机将垃圾压缩，以减小垃圾的体积，然后再把压缩过的垃圾送去焚烧。焚烧后的垃圾可比原来减少80%~85%的质量和95%~96%的体积，减少程度取决于可回收材料的成分和其回收的程度。

垃圾焚烧后得到的灰烬，大多由废物中的无机物质组成，通常以固体和废气中的微粒等形式呈现。废气在排放到大气中之前，需要去除其中的污染性气体和微粒，残余物则用于堆填。在某些情况下，焚化垃圾所产生的热能可用于发电。

焚烧垃圾所得到的有用东西,并不是只有电力这一项。焚烧垃圾所得的残余物,填埋后经过大自然的种种处理,又会重新变为有用的物质。比如说,组成一棵树的树干的分子,可能就来自于你丢掉的一个破布玩具;而你吃的某个水果,组成果肉的原子可能来自于你家几年前被换掉的墙纸……一句话,烈火使垃圾获得了重生。

垃圾焚烧是一种较古老的传统的垃圾处理方法,由于具有减量化、节省用地、消灭各种病原体、将有毒有害物质转化为无害物等各种优势,目前仍是城市垃圾处理的主要方法之一。但近年来,由于人们认为这种方法潜伏性污染更重、处理成本较高、操作复杂及浪费资源等原因,垃圾焚烧法在国内外已开始进入萎缩期。专家们认为,解决垃圾问题的最佳方法不是焚烧,而是综合利用。

垃圾电站 垃圾电站是利用燃烧城市垃圾所释放的热能发电的火电厂。利用垃圾发电，与常规火力发电基本过程相同，但需设置密闭垃圾堆料仓，以防止污染环境；需设辅助燃料油供给系统，以解决垃圾热值低难以点燃的问题；废气要严格净化处理，以防止二次污染；需有一套特殊的废水处理系统，用来处理卸料车、卸料间的冲洗废水。

垃圾处理的原则是无害化、减量化、资源化。利用垃圾发电可减少垃圾堆放，燃烧后的灰渣只占原来的3%左右，因此大大减少填埋量，能够节约大量土地资源，减少填埋对地下水和填埋场周边环境的污染；同时，焚烧垃圾可消除细菌和传染病传播；最主要的是垃圾焚烧发电可从中获得一定量的电能。

随着垃圾回收、处理、运输、综合利用等各环节技术不断发展，垃圾发电方式很有可能成为最经济的发电技术之一，

垃圾电站

从长远效益和综合指标来看，将优于传统的电力生产。

变废为宝法术三：气化

填埋容易带来很多隐患，焚烧又容易造成污染，有没有个妥善的法子，让垃圾不留后患地变成可利用的资源呢？比如说，念个简单的咒语，就能让垃圾飞走不见了？

其实，垃圾还真是能飞走的，只不过并不是简简单单念几句咒语，就能达到这个效果。"让垃圾飞走"是垃圾的处理方法之一，这就是"垃圾气化"。

小贴士

垃圾气化，指的是在密闭室内以高温加热垃圾，使之转化为合成气，成分为一氧化碳和氢气。这个过程发生在几乎无氧的情况下，垃圾中的有机成分不会燃烧。产生的合成气经过滤后，化学成分可以被"清洗"掉，从而去除有毒分子和气体，然后经燃烧产生能量，用以发电，或转化为沼气、乙醇或合成柴油等燃料。这个过程之后，最后剩下灰尘、过滤器和清洗留下的化学物质，再经处理即可送去填埋或排入下水道。

垃圾气化是比垃圾填埋和垃圾焚烧更为先进的处理方式。等量的垃圾，气化后产生的能量要大于填埋和焚烧，等离子气化可在更高温的情况下蒸发垃圾，使更多有机废物气化，高温不会使垃圾变成细灰，而是变成玻璃质固体，可以用作建筑行业里的填充料。

生活垃圾气化热解炉

不过也有人认为垃圾气化并不安全，一样会造成污染，且更耗费能量。波士顿一家研究所最近的一项研究结论是，尽管将每吨垃圾气化比将其填埋要产生比后者高出 5 倍的能量，但甲烷重捕系统的填埋方法排放的二氧化碳却比气化混合气燃烧大大减少。

对于垃圾气化的利弊之争到目前为止还没有定论。不过，科学家们认为，它也不是能彻底解决垃圾问题的灵丹妙药。

变废为宝法术四：堆肥

填埋到底有没有一个可靠的法子，把垃圾全部转变为宝贝，而且还能不污染环境呢？有人认为，确实有这样的法子，那就是——把垃圾吃掉。

哎，别怕啊，不是让你把垃圾吃掉，被派去吃垃圾的，是名叫"细菌"的家伙们。

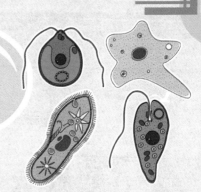

其实这并不是一个新鲜办法，而是人类老早以前就采用过的法子，在不太久远的从前，住在乡村的人们就经常使用这个法子，制造农作物们喜欢吃的"口粮"呢。这个法子，就是堆肥。

现今"堆肥"已成为一个固定词语，是利用含有肥料成分的动植物遗体和排泄物，加上泥土和矿物质混合堆积，在高温、多湿的条件下，经过发酵腐熟、微生物分解而制成的一种有机肥料。

来安县农科所进行高温堆肥示范

此外，随着时代的发展，"堆肥"也进化升级了——人们开始把堆肥的原理应用于处理垃圾，使用垃圾来发电。

在垃圾发电的过程中，垃圾扮演的是"原料"和"食物"的角色，而从事劳动生产的主角是细菌。所以，垃圾发电也可以看作细菌发电。

细菌发电的历史可以追溯到1910年。当时，英国植物学家马克·皮特发现有几种细菌的培养液能够产生电流。于是，他以铂作电极放进大肠杆菌或普通酵母菌的培养液里，成功地制造出世界上第一个细菌电池。

利用垃圾发电的原理其实很简单，和一些农村地区利用沼气作为燃料一样。发电厂的主体部分是一个个巨大的发酵罐，如同农村的沼气坑，也如同一个巨型的胃，垃圾就是在这里被"消化"的。目前这种发电厂被用来处理厨余垃圾。发酵罐中大量的微生物（主要是甲烷细菌），不断吞食厨余垃圾中的有机物，并排放出可以燃烧的甲烷气体，即沼气。这些甲烷气体热值很大，可燃性很好，可以直接用于燃烧发电。一些不能被微生物消化的有机物就慢慢沉淀在发酵罐中，成为淤泥，经过无害化处理后，可以用作有机肥料。

从堆肥到发电，垃圾的身价也逐步提高，这得感谢始终与我们共生的细菌。

从填埋到焚烧再到发电，随着时代的发展，"变废为宝"的技术也在进步。

微生物发酵罐

吃掉与转化

如果某样食品快过保质期了，怎么办？放到过期扔掉，未免太可惜；放冰箱冷藏，又怕解冻后味道有改变；最稳妥、最经济实惠的办法是：吃掉。

我们的消化系统就是一个大型转化器，吃进食物，经过肠、胃等各个消化器官的加工和吸收，这些食物就转化成了我们思考、活动所需的能量。

有没有什么东西，能够吃进垃圾，尤其是塑料，然后把它们转化成能量或其他有用物质呢？

当然有。这种可爱的东西就叫——细菌！

最近，加拿大年仅16岁的高中生丹尼尔·伯德通过潜心研究，发现神奇的假单细胞菌能大量分解塑料袋，分解过程中亦不会产生大量污染物，只会产生水和少量二氧化碳。这和我们的肠胃将食物转化成能量道理类似。更为神奇的是，伯德培养出的细菌，可以将塑料袋的自然降解过程从上千年缩短至短短3个月，这一发现使得人类处理塑料袋的方法向前推进了一大步，对解决全球生态灾难具有极大的积极作用。

形形色色的塑料制品极大地丰富了人们的生活，也给人们带来了不小的危害。使用微生物分解塑料，是科学家们研究了多年的课题。而为了从根本上解决"白色污染"问题，科学家们还在加紧研制可降解塑料。随着科学技术的发展，解决"白色污染"问题已指日可待。

这是海洋里蕴藏的石油资源。

这是分布在海底的锰资源。

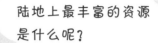

说起家庭主妇们——包括拥有"家庭妇男"美誉的绅士们——最烦恼、最忧虑乃至最痛恨的事，排在第一位的，当为"涨价"。因为生活用品的价格浮动直接关系到家庭每月开支是否够用。

一般来说，当某样东西需求量增大，该物品呈紧缺状况，其价格就会随之上涨。

近年来，能源供应越来越紧张，最近几年燃油费的价格变动，使人们更为明确地意识到，能源紧缺是与我们生活密切相关的大问题。

这些紧缺的能源，诸如煤、石油、天然气等都属于不可再生能源。人类社会活动所消耗的能源中，90%以上是不可再生能源，其中石油约占40%，煤约占30%，天然气约占20%。

根据英国石油公司推出的《BP世界能源统计年鉴》2008年的统计数据，按剩余可采储量与当年总产量比值估算，煤的可采年限为122年，石油的可采年限为42年，天然气的可采年限为60.4年。

能源危机已迫在眉睫。

能源作为现代社会运转的基石，在人类社会发展中起着至关重要的作用，我们每天都在享受着能源带给我们的各项便利。但是随着社会的不断发展，高耗能企业越来越多，不可再生能源浪费非常严重。目前，能源紧缺已成为世界难题。

"城市矿山"

我国正面临空前严峻的资源"瓶颈"制约。生产过程和消费过程都会导致大量垃圾的产生，而巨大的垃圾产生量和低下的利用率对资源环境构成了极大的威胁和挑战，成为制约我国社会经济发展的极大障碍。

垃圾中含有丰富的资源，将垃圾回收利用，充分开发利用垃圾这个"城市矿山"，生产再生资源，达到资源利用效率最大化，是解决我国经济发展和资源短缺之间矛盾的有效手段。

静脉产业　　"静脉产业"一词最早是由日本学者提出，指垃圾回收和资源化利用的产业，又叫"静脉经济"或"第四产业"。它的实质是运用循环经济理念，有机协调当今世界发展所遇到的"垃圾过剩"和资源短缺这两个共同难题，通过垃圾的再循环和资源化利用，变废为宝，最终使自然资源退居后备供应源的地位，使自然生态系统真正进入良性循环的状态。

静脉产业将成为 21 世纪具有相当潜力的产业之一，它是以保障环境安全为前提，以节约资源、保护环境为目的，运用先进的技术，将生产和消费过程中产生的废物转化为可重新利用的资源和产品，实现各类废物的再利用和资源化的产业，包括废物转化为再生资源及将再生资源加工为产品两个过程。

循环经济解除能源危机

国家"十一五"规划进一步明确了落实节约资源和保护环境的基本国策，以"十一五"规划为契机，静脉产业作为循环经济发展的重点领域，也得到了空前的发展。

宝贵的海洋垃圾

浩瀚的海洋素有"聚宝盆"之美誉，但如今，这个蓝色的聚宝盆正在受到垃圾的侵蚀和污染。

海洋垃圾是指海洋和海岸环境中具持久性的、人造的或经加工的固体废弃物。这些海洋垃圾一部分停留在海滩上，一部分漂浮在海面或沉入海底。

海洋垃圾可分为海面漂浮垃圾、海滩垃圾和海底垃圾。

海面漂浮垃圾主要为塑料袋、木块、浮标和塑料瓶等。分类统计结果表明，海面漂浮垃圾以塑料类垃圾数量最多，占41%；其次为聚苯乙烯塑料泡沫类和木制品类垃圾，分别占19%和15%。表层水体中，木制品类、玻璃类和塑料类垃圾密度最高。

海滩垃圾主要为塑料袋、烟头、聚苯乙烯塑料泡沫、快餐盒、渔网和玻璃瓶等。其中塑料类垃圾最多，占66%；聚苯乙烯塑料泡沫类、纸类和织物类垃圾分别占8.5%、

人类黑手正将海洋变成世界最大的塑料垃圾场

7.6%和5.8%。海滩垃圾里，以木制品类、聚苯乙烯塑料泡沫类和塑料类垃圾的密集度最大。

海底垃圾主要为玻璃瓶、塑料袋、饮料罐和渔网等。其中塑料类垃圾的数量最大，占41%；金属类、玻璃类和木制品类分别占22%、15%和11%。

海洋垃圾对人类、自然界生物及环境的危害是多方面的，而清除海洋垃圾的成本很高，所以海洋垃圾成了令各国政府十分头疼的问题。

如果现在告诉你，海洋垃圾是极宝贵的资源，很可能会遭到各国争抢，你信不信？

这可不是愚人节的笑话，这些看似毫无价值的垃圾完全可以变废为宝。例如，用来焚烧发电，制造燃油、化合物，甚至还能建造岛屿。

海底垃圾

　　海洋垃圾处理既与陆地上垃圾处理模式有联系，同时也有自己独特的方式。由于海洋垃圾中最多的是塑料制品，所以首选方式是打捞后燃烧发电，其灰烬可以用来填海造地或建造岛屿。研究人员计算过塑料焚烧的能量利用。几乎所有塑料都由石油制成的，主要成分是碳氢化合物，可以燃烧，而且某些塑料制品的燃烧热比燃料油还高，因此，塑料垃圾是最适合于焚烧发电的资源。单就燃烧发电来说，塑料制品占绝大多数的海洋垃圾比陆地垃圾更有优势。

　　但海洋垃圾的焚烧也有一些问题需要解决。除了打捞和运输外，还需要经短时间搁置脱水。此外，由于塑料焚烧会产生大量的二噁英，危及环境和生态，需要特制的能

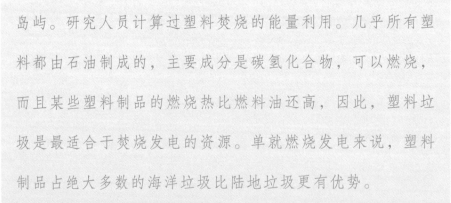

控制二噁英排放的高级焚化炉。同时，焚烧海洋垃圾也与陆地垃圾的处理一样，首先要分拣到位才能焚烧。

除了焚烧发电以外，海洋垃圾还有另一项用途，就是转变为制造其他东西的原料。比如，用海洋垃圾中的废塑料制造燃油、生产防水抗冻胶、制取芳香族化合物和制备多功能树脂胶等。

一些研究人员还提出了海洋垃圾的另一个去处——建造人工岛屿。新加坡利用垃圾建造人工岛屿已成为现实，位于新加坡本岛以南约 8 千米的实马高岛目前是优化生态系统的一个典范。

海洋垃圾，过去人们眼中的废物，已悄然变身为抢手的宝贝。

实马高岛

目前，世界各国面临的两大问题，就是能源紧缺和环境恶化。这两大问题还在日益加剧，各国政府都在采取措施，来逐步化解这场后果严重的灾难。

2011 年夏季，我国遭遇 7 年来最严重 "电荒"，这也使许多人认识到，中国经济的高速运行是在能源紧缺下的高能耗过程中实现的。

一方面经济要加速发展，另一方面能源供给紧缺，如何解决这个矛盾呢？祖先给我们留下的解决方法是：师法自然。

在自然生态系统中，生物与环境之间、生物与生物之间会通过相互作用建立起动态的平衡联系，当生态系统处于平衡状态时，系统中的生产与消费和分解之间，即能量和物质的输入与输出之间在较长时间内趋于相等。在这个平衡的生态系统中，能量是在不断循环的。

由此我们得出结论：想要解决能源紧缺与环境恶化问题，必须大力发展循环经济。

所谓循环经济，即在经济发展中，遵循生态学规律，将清洁生产、资源综合利用、生态设计和可持续消费等融为一体，实现废物减量化、资源化和无害化，使经济系统和自然生态系统的物质和谐循环，维护自然生态平衡。这一概念的提出，抓住了当前我国资源相对短缺而又大量消耗的症结，对解决我国资源对经济发展的制约具有迫切的现实意义。

清洁生产

循环经济的具体活动，主要集中在三个层面，即企业内部的清洁生产和资源循环利用，共生企业间或产业间的生态工业网络，以及区域和整个社会的废物回收和再利用体系。其中清洁生产最为重要，是循环经济的基础。

宇宙废品回收站

你知道太阳系里哪个行星的卫星最多吗？

什么？你说是木星？对，我知道很多天文书籍里是这么写的。

但，很遗憾，这个答案是不严谨的。如果把人造卫星及其碎片都算在内，太阳系里最"富有的"——也就是卫星最多的——应该是地球。

不过，这种"富有"并不是什么好事。围绕着地球运转的这些"卫星"，有许多是太空垃圾。

太空垃圾是围绕地球轨道的无用人造物体，又称空间碎片或轨道碎片，是宇宙空间中除正在工作着的航天器以外的人造物体。太空垃圾包括运载火箭和航天器在发射过程中产生的碎片与报废的卫星；航天器表面材料的脱落，表面涂层老化掉下来的油漆斑块；航天器逸漏出的固体、液体材料；火箭和航天器爆炸、碰撞过程中产生的碎片。

自1957年苏联发射人类第一颗人造卫星"斯普特尼克一号"以来，全世界各国一共执行了超过4000次以上的发射任务，产生了大量的太空垃圾。虽然其中的大部分都通过落入大气层燃烧殆尽，但是截至 2012 年，还有超过 4500 吨的太空垃圾残留在轨道上。目前地球轨道上直径大于 1 厘米的空间碎片数量超过 11 万个，而大于 1 毫米的空间碎片超过 30 万个。

太空垃圾

根据轨道倾角，太空垃圾碰撞时的相对速度甚至可以达到每秒 10 千米以上，具有极大的破坏力。太空垃圾若与运行中的人造卫星、载人飞船或国际空间站相撞，会危及设备安全，甚至危及宇航员的生命。一块直径为 10 厘米的太空垃圾就可以将航天器完全摧毁，数毫米大小的太空垃圾就有可能使它们无法继续工作。太空垃圾也因此成了国际问题。

现今地球上正面临"资源荒"，太空垃圾中有很多珍贵金属，比起地球上的垃圾来，可说是"身价昂贵"，极具再利用价值。如果能在宇宙中建一个垃圾回收站，把这些闲置在太空中的垃圾回收再利用，岂不是一举两得的好事吗？出于这种想法，科学家们发明了"空间垃圾车"，用以回收太空垃圾。

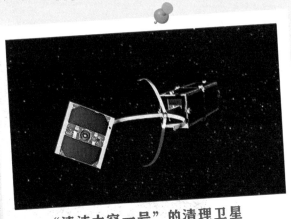

"清洁太空一号"的清理卫星

空间垃圾车是一个安装了200张电磁网的航天器，可以捕捉近地轨道上的空间碎片。一旦捕获目标，空间垃圾车将把垃圾打包投掷到南太平洋。当然，和这种太空垃圾车相比，更好的办法是尽量不产生太空垃圾。

空间垃圾车只是宇宙废品回收站的雏形，相信不久的将来，人们终能在太空中建起真正的废品回收站，那时太空垃圾对人类来说将不再是威胁，而是各国争抢的资源。

利用垃圾中的有用成分作为原料有着一系列优点，其收集、分选和富集费用要比初始原料开采和富集的费用低很多，可以节省自然资源，避免环境污染。

☆ 垃圾所含废纸是造纸的再生原料，处理利用100万吨废纸，即可避免砍伐600平方千米的森林。

☆ 120～130吨罐头盒可回收1吨锡，相当于开采冶炼400吨矿石，这还不包括经营费用。

废品回收

☆处理垃圾所含的废黑色金属，可节省铁矿石炼钢所需电能的75%，节省水40%，而且可以显著减少对大气的污染，降低矿山和冶炼厂周围堆积废石的数量。

☆利用垃圾中的废弃食物，不仅可减少对环境的污染，而且可获得补充饲料来源，明显地提高农业效益。如用100万吨废弃食物加工饲料，可节省出36万吨饲料用谷物，生产45000吨以上的猪肉。

现在你明白了吧？垃圾，是被人们浪费了的宝贝。如果能够好好利用这些宝贝，就可以解决目前的资源紧缺问题。